La Teoría de Juegos

Una Guía de Estrategia y Toma de Decisiones para Principiantes

John Ledlin

Contenido

Introducción

Parece extraño recurrir a las matemáticas en busca de ayuda en las interacciones sociales. Los principios matemáticos no parecen aplicables a las situaciones sociales, ya que las interacciones y relaciones se rigen por las emociones o dependen de ellas. Sin embargo, los teóricos del juego sostienen lo contrario. Comprender nuestras emociones y ser racionales con nuestros sentimientos en contextos sociales es la base de La Teoría de Juegos.

Por ejemplo, ¿cómo se corta una tarta para que todo el mundo se sienta satisfecho con su trozo? No es tan sencillo como nos gusta pensar. No fue hasta los años 50 cuando George Gamow y Marvin Stern formalizaron la técnica lógica para cortar una tarta para dos personas. Es lo que se conoce como la *solución "divide y vencerás"*. La persona A corta la tarta. La persona B elige primero. Esto obliga a la persona A a ser justa y repartir la tarta a partes iguales. Además, la persona B queda satisfecha, ya que elige primero.

Una década más tarde, John Selfridge y John Conway idearon un método para cortar una tarta para tres personas. La Persona A corta y la Persona B recorta, ya que es poco probable que el corte original dé como resultado un tercio exacto. A continuación, la Persona C elige primero. A continuación, la Persona B elige su trozo, y la Persona A coge el trozo restante. Pasando a los recortes, ahora la Persona C corta primero, mientras que la Persona B selecciona primero su pieza de recorte. A continuación, la Persona A elige la siguiente, y finalmente, la Persona C se queda con la pieza restante. Dado que el cortador nunca elige primero, esto les obliga a dividir la tarta equitativamente. Lo interesante es que no se ha descubierto ningún método razonable o racional para dividir una tarta para grupos más grandes, como bodas, cumpleaños o aniversarios. Por lo tanto, actualmente estamos condenados a no tener porciones iguales de tarta en estas celebraciones. La injusticia es inevitable.

El concepto de corte de tarta sin envidia puede parecer poco importante. Puede que no nos importe cuánta tarta nos toca en una fiesta. Sin embargo, estamos pensando de forma demasiado superficial. Al fin y al cabo, la tarta representa simplemente un recurso. Ciertamente, una tarta es un recurso trivial. Sin embargo, cuando se trata de agua, tiempo, dinero y energía, de repente se hace necesario aprender a repartir una tarta de forma que satisfaga a todos.

El principio del reparto de la tarta sin envidia es sólo uno de los muchos principios de La Teoría de Juegos. Tiene en cuenta una interacción social concreta. Sin embargo, existen numerosas teorías en La Teoría de Juegos, como el dilema del prisionero, el valor de Shapley, el teorema de imposibilidad de Arrow y Deal or No Deal. Cada uno de ellos aborda un contexto social específico. Las resoluciones de estos principios difieren enormemente entre sí, ya que cada interacción o contexto social es único. En consecuencia, cada contexto o interacción social tiene un objetivo diferente. Así pues, La Teoría de Juegos es una rama de las matemáticas extremadamente útil, ya que en primer lugar enseña a los individuos el objetivo de cada interacción social. A continuación, revela las resoluciones lógicas que conducen a la consecución de ese objetivo.

Aunque La Teoría de Juegos no se formalizó oficialmente hasta la década pasada, desde entonces se ha convertido en una rama popular entre pensadores, investigadores e incluso psicólogos. En las dos últimas décadas se han escrito numerosos libros sobre el tema en respuesta a la demanda de este campo. La demanda crece a medida que las personas empiezan a reconocer que la gestión de interacciones sociales, tanto más pequeñas como más grandes, ayuda a crear un mundo mejor, promueve la equidad y permite llevar vidas más felices con relaciones más sólidas. Aunque La Teoría de Juegos se basa en la comprensión y el análisis de contextos o interacciones sociales, desaconseja la manipulación.

La Teoría de Juegos: Una Guía de Estrategia y Toma De Decisiones Para Principiantes pretende explicar el concepto de teoría de juegos y por qué aprender sobre esta rama de las matemáticas es inmensamente útil y beneficioso para todos. Tratará los principios fundamentales, como el dilema del prisionero y el valor de Shapley. Por último, explorará cómo puede aplicarse La Teoría de Juegos a contextos sociales más pequeños y más grandes. Como se ha mencionado, esta asignatura no tiene como objetivo fomentar la manipulación, sino gestionar contextos sociales para promover la equidad, la cooperación o la necesaria competencia.

Capítulo 1: ¿Qué es La Teoría de Juegos?

Definición Básica

Una breve definición de La Teoría de Juegos es un análisis de los modelos de interacción social para ayudar a la toma de decisiones en estos contextos sociales. A continuación, aplica la lógica para predecir la toma de decisiones para el contexto social dado con el fin de producir los resultados más deseables o ventajosos.

Sin embargo, como cada interacción o contexto social es único, estas situaciones o contextos tienen metas u objetivos diferentes. Por lo tanto, como el objetivo de cada contexto es único, se aplican diferentes estrategias para producir los mejores resultados. En resumen, no se puede aplicar una única técnica de forma universal. Cada contexto social exige una investigación exhaustiva, y se aplicarán métodos diferentes.

Como La Teoría de Juegos emplea la lógica y el pensamiento racional para llegar a los mejores resultados en cada contexto social, esta materia se ha considerado una rama de las matemáticas. Sin embargo, como también se ocupa de las interacciones sociales tanto a pequeña como a gran escala, se considera un grupo temático de las ciencias sociales. Algunos de sus principios tratan de la remuneración y los beneficios de los empleados, lo que la convierte también en una subcategoría de la economía y la economía social. La teoría de juegos, por tanto, es un tipo de pensamiento que incorpora varias disciplinas. A veces también se considera una rama de la psicología, ya que explora los mejores resultados relacionados con una interacción social. En otras palabras, determinar qué resultado promueve el mejor bienestar psicológico del individuo y de los individuos implicados es una característica de La Teoría de Juegos.

Historia

Los orígenes de La Teoría de Juegos son bastante difíciles de precisar. Algunos historiadores afirman que su origen se remonta a finales del siglo XVI. Se atribuye a Gerolamo Cardano, un polímata italiano, el mérito de escribir sobre la dinámica de los juegos en 1564. Como Cardano utilizaba el juego para mantenerse, se interesó por el papel que desempeña la suerte en los juegos. Además, trató de idear formas eficaces de hacer trampas que le ayudaran en este objetivo. Durante los siglos siguientes, varios matemáticos como Blaise Pascal y Ernst Zermelo se dedicaron a estudiar los juegos de forma crítica. Pascal se ocupó específicamente del papel que desempeña el azar en los juegos, mientras que Zermelo dedicó sus investigaciones al funcionamiento del ajedrez.

Veinte años después de los trabajos de Zermelo sobre la dinámica del ajedrez, apareció un nuevo tipo de pensamiento en La Teoría de Juegos: el concepto de juego de suma cero. Aunque ahora es habitual oír el término, no entró en el Diccionario Oxford hasta 1944. John von Neumann fue el matemático al que se atribuyó el uso de este término por primera vez. Von Neumann fue un matemático y físico húngaro-estadounidense que dedicó su vida a los modelos matemáticos y a las matemáticas puras. Hoy en día se le considera uno de los mejores matemáticos de todos los tiempos. Fue su investigación del juego de suma cero la que coincidió con el establecimiento formal de La Teoría de Juegos. El trabajo de Von Neumann consistía en investigar los juegos de suma cero y las mejores estrategias que los individuos debían aplicar en tales interacciones para producir los mejores resultados para sí mismos. Sin embargo, con la creación de la teoría de juegos de suma cero, también se establecieron las teorías de distintos tipos de juegos. Por ejemplo, las teorías *ganar-ganar, no hay trato, perder-perder* y *ganar-perder*. Ganar-perder es otro nombre para el juego de suma cero. Los trabajos posteriores de Von Neumann pasaron de los juegos de suma cero a las situaciones de ganar-ganar. En la siguiente sección, examinaremos los modelos o bases de los distintos juegos.

Tras las aportaciones de von Neumann, los matemáticos Merrill M. Flood y Melvin Dreshner retomaron el trabajo de von Neumann sobre el juego de suma cero y propusieron la teoría del dilema del prisionero en 1950. El dilema del prisionero es una de las piedras angulares de La Teoría de Juegos, ya que describe cómo se aplica el modelo del juego de suma cero a un contexto específico de la sociedad, a saber, la elección que debe hacer un prisionero. Como la mayoría de las soluciones de La Teoría de Juegos, son complicadas y específicas de la situación. La solución más notable al dilema del prisionero es el equilibrio de Nash, llamado así por el matemático John Forbes Nash.

Durante la segunda mitad del siglo XX, con su cuidadosa atención a los modelos de juego de suma cero, Nash contribuyó enormemente al tema de La Teoría de Juegos. En 1994 ganó el Premio Nobel de Ciencias Económicas. Tanto von Neumann como Nash han sido considerados figuras clave en la creación de los principios de La Teoría de Juegos.

Mientras tanto, Lloyd Shapley elaboraba sus trabajos sobre las estrategias y la toma de decisiones en los juegos cooperativos. Como resultado, otro principio clave de La Teoría de Juegos, el valor de Shapley, se ideó gracias a la contribución de Shapley. Más tarde, en 2012, Lloyd Shapely y Alvin E. Roth, profesor de economía en Harvard y Stanford, obtuvieron el Premio Nobel de Economía por su trabajo.

En resumen, puede decirse que La Teoría de Juegos se inició o formalizó en la década de 1940. Esto la convierte en una rama joven y recién establecida de las matemáticas, la economía y las ciencias sociales. También es un campo en continuo crecimiento, ya que varios economistas, matemáticos y pensadores están revisando las estrategias básicas de La Teoría de Juegos. Un ejemplo es el economista Thomas Sowell, que compara cómo los juegos de suma cero y las situaciones en las que todos ganan afectan a las relaciones sociales y la demografía. Así pues, aunque La Teoría de Juegos es un campo relativamente nuevo, se ha disparado en el último siglo. Esto coincide con el reconocimiento formal de la economía como campo de estudio, ya que hasta 1968 no se añadió el Premio Nobel de Economía a los cinco premios Nobel originales.

Diferentes Tipos de Juegos

¿Qué es un juego?

Un juego se compone de varias características clave. En primer lugar, implica a jugadores. Se trata de individuos que participan en los acontecimientos y cuya toma de decisiones influye en los resultados. Un juego depende de dos o más agentes que intervienen en la toma de decisiones. Si sólo hay una persona que decide, no se trata de un juego, ya que no hay ningún otro agente responsable de determinar los resultados.

A continuación, existen estrategias generales o estrategias por jugador. Cada uno de los individuos tiene un cierto grado de elección o libertad para determinar los resultados de la interacción social. Además -y no hay que confundirlas con las estrategias- están las estrategias puras de equilibrio de Nash. El equilibrio de Nash se refiere a los métodos que, si se aplican, permiten a un individuo obtener los mejores resultados posibles del juego concreto (interacción social).

Finalmente, la última característica de un juego son los resultados. Son los acontecimientos que se producen tras todas las estrategias que realizan los jugadores implicados. Es un subproducto de la interdependencia de las elecciones de los jugadores. Un resultado suele encarnar la recompensa o la pérdida que experimentan los jugadores. Desde el principio, los jugadores tienen en cuenta la pérdida o recompensa que van a obtener tras emplear un método o métodos elegidos.

Además, hay otras características que se dan en algunos juegos, pero no en otros. El papel de la suerte o el azar es un factor en algunos juegos, pero no en todos. Pensemos en el ajedrez. El ajedrez es un juego en el que no intervienen la suerte ni el azar. Incluso si uno de los jugadores toma una decisión costosa, esta decisión se considera una estrategia aplicada por el agente y no depende del papel del azar o la suerte. Esto difiere de los juegos de cartas como el póquer, que están sujetos al azar. Los jugadores reciben cartas al azar. En el ajedrez, hay un número determinado de piezas, que se limitan a movimientos específicos, lo que elimina el papel del azar.

Además, algunos juegos se caracterizan por el hecho de que los jugadores tengan o no acceso a las estrategias del otro u otros jugadores. Si lo tienen, se dice que este juego tiene información completa. Si no, se dice que tiene información incompleta. El ajedrez es un ejemplo de juego con información completa. Como las piezas, una torre o un caballo, están limitadas a un conjunto específico de movimientos, los jugadores pueden aprender qué movimientos están disponibles para las posiciones de las piezas de su oponente en el tablero.

Por último, la palabra juego se ha utilizado aquí de forma bastante imprecisa. Un juego puede referirse a cualquier situación en la que varios participantes emplean diferentes estrategias para alcanzar un objetivo específico o lograr los resultados deseados. Según esta definición, un juego no se refiere específicamente a un escenario acordado mutuamente en el que las personas trabajan para alcanzar un objetivo con fines de entretenimiento. Describe cualquier situación en la que las personas se basan en la toma de decisiones para obtener ese resultado. Por lo tanto, puedes estar jugando a un juego y no ser consciente de este hecho.

Equilibrio de Nash

A lo largo de este libro, veremos el equilibrio de Nash de todas las diversas interacciones sociales en La Teoría de Juegos, y los equilibrios de Nash que son los mejores resultados probados para cada jugador en el contexto. Por lo tanto, se trata de estrategias que se dice que aportan a ambos jugadores la mayor ventaja de la interacción. Normalmente, las estrategias son las mismas. Los matemáticos han ideado métodos que ambos jugadores deberían seguir y que producirán los mejores resultados. Sin embargo, no son universales. Por lo tanto, el equilibrio de Nash es específico de cada contexto y no debe aplicarse a otras interacciones.

Como se ha dicho, los matemáticos han desarrollado a lo largo del tiempo fórmulas para exponer sus argumentos. Sin embargo, hay que reconocer que estos equilibrios de Nash probados no siempre se perciben como la opción moralmente correcta. Como en muchos casos de los equilibrios de Nash, a menudo favorecen el propio interés en contraposición al beneficio mutuo.

Tipos de Juego

En esta sección examinaremos los modelos básicos de los juegos. Ya sea que se trate de negocios, política exterior o entretenimiento con amigos, si hay dos o más partes implicadas en los resultados, seguirá uno de los modelos siguientes.

Juegos Cooperativos y No Cooperativos

Un juego cooperativo es aquel que obliga a los jugadores a negociar, llegar a un acuerdo o alcanzar un consenso para lograr resultados deseables. La consecución de los mejores resultados depende de que los dos individuos sean capaces de llegar a un acuerdo. Los eventos de creación de equipos son el mejor ejemplo de los juegos cooperativos. Sólo se puede llegar a un resultado satisfactorio si los miembros del equipo son capaces de negociar entre ellos y asumir roles para gestionar eficazmente un resultado satisfactorio. Además, una empresa depende de la cooperación entre empleados para obtener los resultados más deseables: un aumento de los beneficios, la satisfacción del cliente y una producción o productividad eficiente. Por eso en las empresas se llevan a cabo proyectos de creación de equipos, ya que quieren mejorar las habilidades de los trabajadores en los juegos cooperativos.

Un juego no cooperativo es aquel que implica competición. La cooperación, ya sea por las circunstancias o por la elección que hayan hecho las partes, no es posible, y los dos agentes o jugadores tienen que seguir y aplicar estrategias que produzcan los mejores resultados para ellos mismos. El dilema del prisionero es un ejemplo de juego no cooperativo. La cooperación o negociación entre los prisioneros no es posible, ya que están recluidos en celdas separadas y no pueden comunicarse entre sí. Por lo tanto, ambos se ven obligados a aplicar estrategias que produzcan los mejores resultados para sí mismos, aunque ello conlleve resultados negativos para el otro prisionero. En el tercer capítulo, trataremos el dilema del prisionero más ampliamente.

Juegos de Suma Constante, de Suma Cero y de Suma No Cero

Los juegos de suma cero y de suma distinta de cero guardan cierto parecido con los juegos cooperativos y no cooperativos. Sin embargo, la principal diferencia es que los juegos de suma constante, de suma cero y de suma distinta de cero se centran en los resultados, mientras que los juegos cooperativos y competitivos también tienen en cuenta las circunstancias. Antes hemos visto el dilema del prisionero. Era el entorno o las circunstancias las que hacían imposible la cooperación.

Un juego de suma constante es aquel en el que los resultados permanecen constantes. Un juego de suma cero es un ejemplo de juego de suma constante, ya que los resultados no cambian.

Un juego de suma cero es un juego en el que, si una parte o jugador gana, la otra parte debe perder. No puede haber dos ganadores. Se llama juego de suma cero porque, si se suman los resultados de la persona que ha ganado y los resultados de la otra persona que ha perdido, el resultado es siempre cero. Por lo tanto, es un juego de suma constante, ya que siempre produce cero. Ejemplos de juegos de suma cero son el póquer. El objetivo del juego es que un agente se lleve todas las fichas de los demás jugadores. Sigue siendo un juego de suma constante, ya que la cantidad de la bolsa sigue siendo la misma para quien gana.

Un juego de suma no nula es lo contrario. Otro nombre para esta categoría de juegos es ganar-ganar. Las ganancias de un jugador no suponen una pérdida para el otro. Por lo tanto, cuando se suman sus ganancias, no es igual a cero, por lo que se conoce como un juego de suma no nula. El comercio es un ejemplo de juego de suma no nula. Por ejemplo, el país A abre sus mercados. Puede comerciar con países de todo el mundo para obtener los últimos avances en sanidad, tecnología y agricultura. Además, el país B, que comercia con el país A, también gana, ya que el país A compra sus productos. Así, ambos países salen con más de lo que tenían, y los resultados no son iguales a cero.

Juegos Simétricos y Asimétricos

Los juegos simétricos son aquellos en los que ambos jugadores disponen de las mismas estrategias. Un juego simétrico suele ser un juego de forma normal o a corto plazo, ya que sólo hay una o dos rondas de decisiones. Si hay demasiadas rondas de decisiones, generalmente los juegos se vuelven asimétricos porque aparecen estrategias disímiles. Un ejemplo son los candidatos que se presentan a una entrevista de trabajo. Todos los candidatos tienen que seguir el mismo procedimiento o proceso para solicitar el puesto. Tienen que rellenar un formulario de solicitud y escribir una carta de presentación.

Los juegos asimétricos no implican la misma toma de decisiones para ambos jugadores. Además, las decisiones abiertas a ambos jugadores pueden no producir los mismos resultados. Entrar en el mercado y ganar cuota de mercado entre distintas empresas se considera un juego asimétrico. Por ejemplo, Walmart tiene actualmente el mayor número de empleados y difiere de Amazon en cuanto a sus estrategias de marketing y producción. Amazon puede confiar más en los algoritmos para mantener la satisfacción del cliente, mientras que Walmart tiene que confiar en la formación adecuada de los recursos humanos para lograr la satisfacción del cliente.

Juegos de Forma Normal y Extensiva

Antes he hablado de algunas características que aparecen en algunos juegos y no en otros. No he mencionado a propósito el tema del tiempo. El tiempo es un elemento crucial en los juegos.

Un juego de forma normal es aquel en el que el tiempo no influye. Generalmente se representa como una matriz. En el eje x se muestran las opciones o estrategias y los resultados de la Persona A. El eje y rellena los métodos disponibles y los posibles resultados para la Persona B. Si hay dos estrategias posibles para la Persona A y la Persona B cada una, habrá un total de cuatro cuadrantes formando la matriz. Cada cuadrado representa una estrategia diferente y los resultados que produce. Utilizando esta matriz, se elige la mejor estrategia tanto para la Persona A como para la Persona B.

Un juego de forma extensiva es aquel que se ve afectado por el tiempo. Este juego se representa en un diagrama en forma de árbol. Cada rama o nodo del árbol representa una decisión diferente que produce una serie secundaria de decisiones. Si se toma una decisión concreta, se crearán otras posibilidades de elección que ambas partes o jugadores tendrán que tomar.

Resumen

La teoría de juegos ha experimentado una evolución única y reciente. Como ya se ha mencionado, fue creada por primera vez de manera informal por Cardano, que deseaba maximizar su capacidad de juego. Desde von Neumann, Nash y Shapley, el estudio de los juegos se ha consolidado. Las cuatro variedades básicas de juegos, que se analizaron en las secciones anteriores, esbozan las estructuras de los distintos tipos de juegos.

En la próxima sección, veremos cómo estas estructuras básicas difieren en varios juegos, convirtiéndolos en un tipo único de interacción social. De hecho, son los cambios de estas constantes (estrategias y resultados) los que hacen que cada juego sea particular e interesante. A continuación, también veremos ejemplos de situaciones de la Teoría de Juegos y cómo los matemáticos resuelven estos retos o juegan a estos juegos.

Capítulo 2: Aplicaciones de la Teoría de Juegos

Introducción

A un nivel primordial, los juegos tienen mucho valor para nosotros. Hay una gran variedad de juegos disponibles en la sociedad, incluidos los juegos de mesa tradicionales como el Monopoly, las sensaciones de los teléfonos inteligentes como Crazy Birds, Candy Crush o Pokémon Go, e incluso los mayores eventos deportivos como la NBA o la Premier League inglesa, con millones o miles de millones de espectadores.

Juegos de mesa tradicionales como el Monopoly han sido adaptados, como la última versión del Monopoly Deal, o como el Risk, que ha sido rediseñado con temática de Juego de Tronos, adaptándose a las tendencias populares del entretenimiento. Como ya se ha mencionado, incluso los eventos de creación de equipos que se han implementado recientemente en empresas de todo el mundo implican un juego. Por lo tanto, en todos los niveles del entretenimiento y en algunos niveles de necesidad, como la formación de equipos, uno encuentra juegos. El juego es una industria amplia y polifacética.

Sin embargo, si quitamos la apariencia de Juego de Tronos a la adaptación moderna del Risk o miramos más allá de los colores de nuestro equipo deportivo nacional, veremos que las estructuras de estos juegos o eventos guardan mucha similitud con los cuatro modelos de juegos de los que hablamos en el capítulo anterior. Mientras que el capítulo anterior intentaba responder a la pregunta "¿qué es un juego?", este capítulo tratará de responder a la pregunta "¿por qué jugamos?".

La Psicología de los Juegos

Dado que el juego es un fenómeno que se da en todos los continentes e incluso entre diferentes mamíferos -típicamente criaturas sociales-, hay que considerar esta actividad como algo más que algo que crea diversión. Más bien provoca la pregunta "¿por qué son divertidos los juegos?". La respuesta sencilla es que los juegos nos permiten jugar. Esta respuesta simplista obliga a plantearse otras dos preguntas: "¿qué es el juego?" y "¿por qué es divertido jugar?"

Peter Gray ofrece una explicación del juego que responde a las dos preguntas:

"El juego es un concepto que nos llena la mente de contradicciones cuando intentamos pensar profundamente en él. Es serio, pero no es serio; trivial, pero es profundo; imaginativo y espontáneo, pero está sujeto a reglas. El juego no es real, tiene lugar en un mundo de fantasía; sin embargo, trata del mundo real y ayuda a los niños a enfrentarse a ese mundo".

Hay dos aspectos clave que Gray menciona en la explicación anterior: "sujeto a reglas" y "trata del mundo real."

Reglas

Todos los juegos están sujetos a reglas. Si compras un juego de mesa, lees una copia impresa de las reglas que te ayudan a aprender a jugar y a hacerlo con eficacia. Juegos como el Monopoly y el Cluedo llevan mucho tiempo en la tradición, de modo que la mayoría de la gente está familiarizada con las reglas.

Los juegos de cartas también tienen reglas. Por ejemplo, el póquer tiene un rango de manos establecido que califica cuáles son las cinco mejores cartas para la mesa. Una regla típica que parece existir en muchos juegos es la de los turnos. Es el caso de los juegos de cartas, los juegos de mesa y otros como el ajedrez, los dardos y el billar. Por lo tanto, las reglas constituyen un elemento esencial de los juegos.

Si bien es cierto que los diferentes juegos tienen diferentes conjuntos de reglas, lo que permanece constante es la existencia de reglas. Es cierto que las reglas son cruciales para garantizar el juego limpio; sin embargo, la función de las reglas va más allá de simplemente promover la equidad.

Las reglas definen el juego. Dan forma o estructura al juego, haciéndolo único. Pensemos en el fútbol y el baloncesto. Fundamentalmente, lo que distingue al fútbol del baloncesto es que los jugadores deben utilizar los pies para controlar el balón (con la excepción del portero) y el segundo requiere que los jugadores utilicen las manos para controlar el balón. Si los jugadores de fútbol empezaran a utilizar las manos en lugar de los pies, las diferencias entre el baloncesto y el fútbol se difuminarían. Veamos otro ejemplo. Si empezáramos a usar un arco y una flecha para apuntar a una diana, en lugar de usar los brazos para guiar un dardo a una posición específica en una diana, habría poco que definir el tiro con arco y los dardos. El tiro con arco utiliza arcos, flechas y dianas. Los dardos utilizan dardos y dianas y ningún otro dispositivo. Así pues, como demuestran estos dos ejemplos, las reglas hacen el juego. Sin ellas, estos juegos no podrían jugarse y no existirían.

Como ya se ha dicho, las reglas también promueven la equidad. Existe una profunda necesidad psicológica de justicia. El sentido de la justicia se manifiesta no sólo en los humanos, sino también en nuestros primos evolutivos, los chimpancés.

Jonathan Haidt, psicólogo social estadounidense y profesor de liderazgo ético en una universidad de Nueva York, explica en su conferencia TEDx que el concepto de justicia está arraigado en los humanos. A un nivel muy primordial, queremos que la justicia esté presente en la sociedad.

Por esta lógica, la justicia es uno de los objetivos que los juegos intentan alcanzar con la creación de sus reglas. Además, podría decirse que los juegos funcionan como una especie de terreno de práctica para conceptos como la justicia. Desde pequeños, nos enseñamos a nosotros mismos y a los niños pequeños a jugar según las reglas para que aprendan conceptos de equidad y justicia. No sólo lo aprenden, sino que se convierten en parte del proceso de inculcar estas reglas en la sociedad. Por ejemplo, si perciben que su compañero no sigue las reglas, le llaman la atención. Expresan la injusticia con frases como "estás haciendo trampas" o "eso no es justo".

Representación de la Vida Real

No sólo los juegos están sujetos a reglas, sino también la vida real. En la vida real, se llaman leyes, políticas o reglamentos. Por ejemplo, tanto si tenemos un Ferrari como una ranchera, hay restricciones sobre la velocidad a la que debemos circular, ya que compartimos la vía pública con otros automovilistas. La mayoría de los trabajos de nueve a cinco se caracterizan por la norma de que los empleados tienen que empezar a trabajar a las nueve y terminar su jornada a las cinco. Por último, está permitido viajar a la mayoría de los países del mundo, pero hay que respetar las normas de vuelo. No se puede fumar a bordo, normalmente hay que poner los dispositivos en modo avión y no está permitido llevar objetos inflamables o aerosoles.

La razón por la que jugamos es que nos enseñan desde pequeños los límites y las limitaciones. Nos preparan para el mundo real, donde, para participar en interacciones sociales más pequeñas y más grandes, tenemos que estar restringidos. Por ejemplo, Cluedo es un juego de detectives que refleja el crimen y la investigación. Si aciertas quién lo ha hecho, ganas. Si adivinas mal, pierdes. Esto refleja muy bien la necesidad social de que los miembros de la policía y los investigadores pongan entre rejas a la persona correcta.

En primer lugar, si no cumplimos las normas, no podemos jugar a los juegos. De este modo, los juegos nos enseñan desde pequeños a seguir las normas. También recompensan el buen comportamiento. Si seguimos las normas y las aplicamos de forma que nos beneficien, generalmente nos recompensan. En juegos de ordenador como Tomb Raider, el jugador tiene que resolver un rompecabezas para pasar al siguiente nivel. Tomb Raider recompensa la resolución de problemas y la habilidad para resolver puzles. Monopoly enseña a los niños que la propiedad es una fuente de ingresos. Los hoteles en propiedades son los que más ingresos aportan. Ayuda a los jugadores a aprender a gastar su dinero sabiamente y a desarrollar una cartera de activos.

Habilidades Sociales

Siguiendo la definición del capítulo anterior, según la cual un juego es una actividad en la que participan dos o más jugadores que emplean estrategias para producir resultados específicos, esta definición limita los juegos a las interacciones sociales. Según esta explicación, los juegos son terrenos de juego o de pruebas para que los individuos mejoren sus habilidades sociales. En primer lugar, nos enseñan a cooperar. Por ejemplo, los juegos de rol como Dragones y Mazmorras se basan en un equipo de héroes o criaturas míticas como elfos y orcos para completar una misión mediante la cooperación. Lo mismo ocurre con Dota. Dota, uno de los juegos más populares de Internet, requiere que los equipos elijan diferentes héroes para vencer al otro equipo. Cada jugador que controla a uno de los héroes tiene que aprender qué héroe funciona mejor para su equipo y tiene que aprender a trabajar con el equipo para alcanzar el objetivo.

Por otro lado, hay algunos juegos que enseñan la habilidad de analizar o intentar comprender a las personas. Son los llamados juegos de deducción social. El póquer, los juegos específicos de Murder Mystery y Secret Hitler son ejemplos de esta subdivisión. El póquer no es un juego de deducción social puro, pero sin duda implica leer a la gente. Los juegos de deducción social pura, como Hitler Secreto, hacen que la gente analice el comportamiento de sus amigos para descubrir quién es Hitler, quiénes son los fascistas y quiénes los liberales.

Se trata de una habilidad necesaria en la vida real, ya que tenemos que intentar leer a las personas para saber si son de fiar o si nos harán daño.

En definitiva, tanto los juegos como el juego son intrínsecamente valiosos, ya que nos hacen aprender la dinámica de la cooperación y la lectura de las personas. También nos enseñan a equilibrar la cooperación con la confianza. Si alguien no juega limpio, a menudo esto trasciende el juego y puede ser una pista de cómo nos tratará en la sociedad. Por tanto, los juegos reflejan muchas características de la vida real. Ayudan a nuestro desarrollo y socialización. Cuando nos incorporamos a la sociedad, sabemos que es necesario cooperar -y gracias a los juegos, hemos adquirido algunas habilidades básicas de cooperación- y cómo leer o analizar a quienes nos encontramos.

Los Juegos a los que Jugamos

En el último capítulo, analizamos cuatro características básicas de un juego. Ya sea un juego de estrategia, de arcade, de deducción social o un deporte, se caracteriza por la presencia o ausencia de estos rasgos.

En esta sección, estudiaremos cómo estas características distinguen a los juegos populares y explicaremos cómo se aplican a los contextos sociales de la vida cotidiana.

Juegos de Suma Cero y de No Suma Cero

Los juegos pueden tener un resultado de suma cero o de suma distinta de cero. Por ejemplo, Piedra, Papel o Tijera es un juego de suma cero. Sólo puede haber un ganador. El póquer es un ejemplo perfecto de juego de suma cero. Una versión más básica del póquer, conocida como póquer Kuhn, se utiliza en La Teoría de Juegos. En el póquer Kuhn, la baraja sólo contiene las tres cartas con figuras (sota, reina y rey). Sólo se reparte una carta a los jugadores. Los jugadores hacen una ronda de apuestas. Una vez concluidas las apuestas, el jugador con la carta de mayor valor gana la ronda y el total de todas las apuestas realizadas durante la ronda. En cada ronda, el bote es para el jugador con las cartas más altas. El objetivo del juego es conseguir que todo el dinero de los jugadores en un bote -jugado en rondas- pase a manos de una persona. Una persona se lleva las ganancias. Así pues, el objetivo del juego es competir e intentar obtener todos los recursos. Se trata de un juego de suma cero, ya que la cantidad adquirida por el ganador sumada a la pérdida sufrida por los demás jugadores es igual a cero.

El dilema del viajero es un ejemplo de juego de suma no nula. En esta interacción, hay dos pasajeros que vuelan con maletas de idéntico aspecto y que contienen los mismos bienes. En el caso de que la compañía aérea pierda las dos maletas, ofrece a los pasajeros un seguro. El importe máximo que pagará la aerolínea es de 100 dólares. Sin embargo, la aerolínea pretende reembolsar a los pasajeros según el valor exacto del contenido de su equipaje. Posteriormente, el director de la aerolínea pregunta a ambos pasajeros por separado el precio total de su equipaje. Como las estrategias de cada viajero permanecen ocultas para el otro jugador, los dos jugadores no pueden conspirar para obtener un resultado mutuamente beneficioso. Si el pasajero A y el pasajero B anotan ambos 100 dólares, entonces reciben 100 dólares.

Sin embargo, la aerolínea ha implementado una cláusula por la que, si ambos pasajeros anotan una cifra diferente, pagarán según la cifra más baja. Además, la aerolínea incluirá una penalización de $2 para el pasajero que anotó la cifra más alta e incluirá una recompensa de $2 para el pasajero que anotó una cifra más baja. Este es el método de la aerolínea para incentivar el comportamiento honesto y castigar a los viajeros que buscan sacar provecho de una reclamación deshonesta. En este escenario, si el pasajero A reclama $100 y el pasajero B $99, el pasajero A será penalizado con $2, por lo que recibirá $98. El pasajero B, que anotó $99, recibirá $101. Así, la inclusión de una penalización y una recompensa complica las cosas. Ambos viajeros intentarán ser más inteligentes que el otro, anotando cifras cada vez más bajas para optimizar sus resultados. Puede resultar difícil de creer, pero el equilibrio de Nash, o la cifra que se dice que da lugar a los resultados óptimos, es de $2. Aunque los economistas siguen manteniendo que ir a por una cifra más alta es un resultado mejor, el equilibrio de Nash revela en primer lugar que los dos viajeros seguirán intentando ser más listos que el otro. Además, en el caso de que la penalización y la recompensa sean mucho mayores que $2 y $50 en cambio, el individuo que anota $2 busca ganar $52. El viajero que anota $50, en este caso, recibirá los $2, por ser una cantidad menor, y penalizará $50, con lo que tendrá pérdidas.

Es cierto que el dilema del viajero es un conjunto único de circunstancias. Sin embargo, situaciones como ésta se producen, por ejemplo, cada vez que se publican los libros de Harry Potter en el momento de su mayor popularidad. La demanda era enorme. La gente hacía cola en las librerías para conseguir su ejemplar en cuanto saliera a la venta. Sin embargo, algunas personas querían evitar esperar en la cola y querían ser las primeras. Si la librería abría a las 9 de la mañana, querían estar allí a las 8.59". Otro comprador potencial intentaría adelantarse a los demás y llegar a la puerta de la librería a las 8:58. La pauta de intentar superar a los demás compradores se parece mucho al dilema al que se enfrentan los dos viajeros.

Juegos Cooperativos y No Cooperativos

Los juegos cooperativos y no cooperativos suelen parecerse mucho a los juegos de suma no nula y de suma cero. Sin embargo, hay una distinción significativa en los resultados. Un juego de suma cero siempre termina con un resultado de cero. Si un jugador gana, el otro debe perder. Un juego que no es de suma cero no produce un resultado de cero. Tomemos el dilema del viajero, por ejemplo. Aunque el Viajero A anote $2 y el Viajero B $3, el Viajero A recibirá -incluida su recompensa- $52 y el Viajero B -incluida su penalización- $47 . La suma de los dos resultados es +5. Por lo tanto, el resultado no es cero. Por lo tanto, el resultado no es cero. No es un juego de suma cero. Y además, como hay un resultado positivo de +5, hay una ganancia para todos.

Los juegos cooperativos y no cooperativos pueden ser de suma cero o de suma distinta de cero. Un ejemplo de juego cooperativo es la Caza del Ciervo. Dos cazadores pueden elegir entre cazar un conejo o un ciervo. Por su cuenta, un cazador puede cazar con éxito un conejo. Sin embargo, hay poca carne y, por tanto, poca recompensa por cazar el conejo. Por otro lado, la caza del ciervo no puede realizarse en solitario. Los dos cazadores tienen que trabajar juntos para lograr esta hazaña. Es muy beneficioso ir a por el ciervo, ya que tiene mucha carne. El equilibrio de Nash para este juego es la cooperación. Ambos cazadores deben colaborar para abatir al ciervo, de modo que individualmente puedan beneficiarse más. La caza del ciervo es un juego cooperativo, ya que las circunstancias permiten que los dos cazadores trabajen juntos. Además, a los cazadores les conviene hacerlo porque pueden alcanzar el equilibrio de Nash.

La caza del ciervo puede parecerse a actividades empresariales como la producción o la gestión de un hogar. En este último caso, si cada uno de los miembros de la familia realiza una tarea, como cocinar, fregar los platos o barrer, el conjunto de los miembros de la familia se beneficia de la realización de cada una de las tareas. Consiguen comer una comida decente y tener la cocina limpia. Además, no tienen que responsabilizarse de todas las tareas. Sólo tienen que hacer su parte.

Por otro lado, el dilema del prisionero, que se tratará en profundidad en el próximo capítulo, es un juego no cooperativo. Las circunstancias no permiten que los individuos trabajen juntos.

Información Perfecta, Imperfecta e Incompleta

La información perfecta se refiere al conocimiento de las estrategias y resultados disponibles para todos los jugadores. El ajedrez es un ejemplo de información perfecta, ya que ambos jugadores tienen un conocimiento completo de todas las jugadas de que dispone el otro jugador. Además, es un juego con información completa, ya que los jugadores conocen los resultados del otro jugador. Por ejemplo, los jugadores tienen que provocar un jaque mate o una capitulación de su oponente. Alternativamente, el póquer es un juego en el que las decisiones de los jugadores permanecen ocultas. Sin embargo, el conocimiento es completo, ya que sabemos cuáles son los resultados del otro jugador. Ganan el bote o no lo ganan.

William Spaniel, profesor de teoría de juegos, explica que es esencial no confundir el conocimiento perfecto y el completo. Lo mismo se aplica al conocimiento imperfecto e incompleto.

Perfecto e imperfecto están relacionados con las estrategias posibles. El conocimiento completo e incompleto está relacionado con los resultados. Recuerde que hay tres características básicas en todo juego: jugadores, estrategias y resultados. En la lógica de La Teoría de Juegos es fundamental no confundir las estrategias con los resultados.

Forma Normal y Forma Extensiva

La forma normal y la forma extensiva también pueden denominarse juegos secuenciales y no secuenciales. Como se ha explicado en el capítulo anterior, las estrategias se ven afectadas por el tiempo. Si los dos agentes toman una decisión simultáneamente, se sigue un modelo de juego de forma normal. Generalmente, se utiliza una matriz para representar las posibles decisiones de ambos agentes. El equilibrio de Nash determina qué estrategias posibles producen los mejores resultados para ambos jugadores.

La Gallina es un ejemplo de juego de forma normal. Los dos jugadores ponen en práctica sus estrategias al mismo tiempo. La Gallina es un juego en el que dos conductores aceleran el uno contra el otro. El objetivo del juego es demostrar que uno es más valiente que el otro.

Si el conductor A da un volantazo para evitar la colisión antes que el conductor B, se arriesga a que le llamen cobarde y a perder la cara. A la inversa, si el conductor B da el volantazo primero, también pueden acabar llamándole gallina. Sin embargo, si ambos conductores no se desvían, el resultado es una colisión de los dos coches, y los dos jugadores pueden morir. La situación de ambos conductores puede parecer poco realista, pero a efectos de un juego, es real.

La Gallina se considera un ejemplo de las estrategias de apaciguamiento y conflicto en política exterior. Utilizando las matemáticas, aplicando un enfoque de estrategia mixta, el equilibrio de Nash para este juego es que el Conductor A conducirá en la trayectoria de colisión una de cada 50 veces y dará un volantazo 49 de cada 50 veces. Lo mismo se aplica al Conductor B. Incluso con el equilibrio de Nash, no siempre se evita la colisión. Si se repite La Gallina, se producirá una colisión. Sin embargo, el equilibrio de Nash ha dado como resultados óptimos conducir recto una de cada 50 veces y dar un volantazo 49 de cada 50 veces.

Una forma extensiva implica la toma de turnos. El jugador A se turna. El jugador B puede aplicar su estrategia basándose en el conocimiento de la estrategia del jugador A. La forma extensiva se representa como un diagrama de árbol. Cada rama o nodo muestra las estrategias que adopta el jugador. Como un jugador conoce perfectamente las estrategias del otro, los juegos de forma extensiva incluyen características de información perfecta.

El ajedrez es un juego de forma extensiva, ya que existe un número invariable de estrategias que cada jugador puede poner en práctica. Naturalmente, si el otro jugador consigue dar jaque mate, la partida termina. Sin embargo, el número de movimientos por partida no es constante, como ocurre con La Gallina.

La Utilidad de la Teoría de Juegos

Como vimos en la introducción cuando analizamos el juego de cortar la tarta sin envidia, la tarta representa recursos. Elaborar el equilibrio de Nash nos lleva a aplicar las matemáticas para determinar cómo repartir los recursos.

Muchas de las interacciones de La Teoría de Juegos presentan situaciones muy singulares o incluso extrañas. Ya hemos examinado algunas de estas situaciones: el dilema del viajero y la gallina. No parecen parecerse mucho a las interacciones sociales con las que nos encontramos a diario. No ocurre lo mismo con el dilema del voluntario. A menudo nos bombardean con peticiones de ayuda de amigos y conocidos. Estas peticiones pueden interferir en nuestras vidas, causándonos pérdidas. Por lo tanto, el dilema del voluntario explica que a veces estamos en una posición en la que decir "no" es más apropiado y, en consecuencia, debemos decir "no". No debemos ayudar. El dilema del voluntario ofrece a los individuos una valiosa información. Indica que no debemos asumir tareas que nos resulten gravosas o que nos afecten negativamente.

La Gallina es otra situación que parece muy alejada de la realidad. Sin embargo, no es cierto. En el caso de dos países agresivos, donde existe la posibilidad de una guerra, la situación dLa Gallina proporciona estrategias útiles para los líderes de los países. Como ya se ha mencionado, el equilibrio de Nash es que el Conductor A debe seguir la trayectoria de colisión una de cada 50 veces y desviarse 49 de cada 50 veces, y el Conductor B debe hacer lo mismo. Aunque es cierto que no siempre se evitará la guerra, el equilibrio de Nash proporciona los resultados óptimos. En la mayoría de los casos se evitará el conflicto, y ambos países reducen la posibilidad de quedar mal. En política exterior, "quedar mal" tiene consecuencias mucho más graves. Estas naciones son vistas como débiles o incapaces de defenderse.

Así pues, aunque los juegos o interacciones sociales presentados en La Teoría de Juegos parezcan peculiares, nos proporcionan ayuda para gestionar nuestros asuntos cotidianos. Como todos los juegos, nos ayudan a adquirir habilidades para vivir nuestras vidas lo mejor posible, pero también a tomar decisiones que promuevan los mejores resultados para todos los implicados.

Resumen

Los juegos se originaron y han evolucionado de forma orgánica en la sociedad. No es casualidad que el juego esté presente en culturas y naciones de todo el planeta. Este fenómeno mundial indica que es psicológicamente significativo jugar o crear interacciones sociales, con reglas impuestas, para intentar competir o cooperar con el fin de alcanzar resultados específicos. El estudio de los juegos trata de entender por qué los juegos son importantes para las personas y qué estrategias producen los mejores resultados para uno mismo y para los demás. A veces, las mejores estrategias pueden ser egoístas o implicar parecer cobarde. Sin embargo, el equilibrio de Nash también intenta conseguir los mejores resultados para todas las partes implicadas.

Capítulo 3: Dilema del Prisionero

Introducción

En cada uno de los próximos capítulos, vamos a analizar algunos de los juegos o interacciones sociales más populares en La Teoría de Juegos. Describiremos la situación, veremos cómo se desarrolla y, por último, analizaremos el equilibrio de Nash para cada situación.

A continuación, veremos cómo cada uno de estos juegos es paralelo a algunos acontecimientos de la vida real y cómo la comprensión de estos juegos puede ayudarnos a tomar mejores decisiones tanto en interacciones sociales más pequeñas como más grandes.

Ten en cuenta que hay algunos juegos en los que no eliges jugar. En otras palabras, hay situaciones en las que te encontrarás y en las que no querrás estar. El dilema del prisionero es una de ellas.

El Dilema del Prisionero

El dilema del prisionero es una de las piedras angulares de La Teoría de Juegos. Si comienza a estudiar este tema, éste es uno de los primeros principios con los que se encontrará. En 1950, dos matemáticos, Merrill M. Flood y Melvin Dresher, idearon el principio del dilema del prisionero mientras trabajaban en un *think tank* estadounidense.

Dos miembros de una banda atracan un banco. Han sido detenidos y están recluidos en salas de interrogatorio aisladas. No hay testigos del delito, por lo que la policía confía plenamente en una confesión para acusar legalmente a los dos atracadores. Los agentes de policía pretenden persuadir a uno de los presos para que confiese y, de este modo, traicione a su compañero. Por lo tanto, tanto el prisionero A como el B tienen que elegir entre confesar el crimen y cooperar con la policía o permanecer en silencio y colaborar con su compañero atracador. Como los dos presos se encuentran en salas de interrogatorio separadas, no tienen ni idea de lo que está haciendo su homólogo. De este modo, el dilema del prisionero es un juego de conocimiento imperfecto, ya que las estrategias que adopta cada prisionero se ocultan mientras el otro delibera.

Además, los prisioneros A y B no se conocen muy bien. Colaboraron en el robo para obtener beneficios económicos, pero no son parientes ni buenos amigos. Ninguno tiene motivos para confiar en el otro. Además, ambos saben que las autoridades necesitan conseguir la confesión de uno de ellos.

Si el preso A confiesa, traiciona al preso B y colabora con la acusación del caso, saldrán libres con la condición de que el otro no confiese. Si esto ocurre, el Prisionero B recibirá 10 años. Lo mismo se aplica al Prisionero B. Si el Prisionero B confiesa, traiciona al Prisionero A, y trabaja con la policía, saldrán libres con la condición de que el Prisionero A permanezca en silencio. Entonces, al Prisionero A le caerán diez años. Si ambos prisioneros guardan silencio, irán a prisión sólo dos años. Por último, si ambos confiesan, recibirán la pena máxima de cinco años.

Como los dos presos ignoran por completo lo que ocurre en la otra sala de interrogatorios, no saben qué trato está haciendo su compañero atracador con la policía. Si no admiten su culpabilidad ante la policía y el otro preso sí lo hace, recibirán la pena máxima.

El equilibrio de Nash para el Dilema del Prisionero es que ambos prisioneros confiesen y traicionen al otro. Los incentivos de guardar silencio no superan a los de confesar. El resultado óptimo es que ambos presos admitan su culpabilidad.

Aunque el silencio de ambos ladrones supondría el menor número de años de prisión, es demasiado arriesgado para cualquiera de los dos permanecer en silencio. Pueden acabar recibiendo la pena máxima. No saben si el otro está cooperando con la policía con la esperanza de salir libre.

El equilibrio de Nash para el dilema del prisionero es que lo mejor es actuar en interés propio a expensas del colectivo o de la otra persona, especialmente en tales condiciones en las que no se puede cooperar.

La Utilidad del Dilema del Prisionero

No siempre nos conviene actuar desinteresadamente o en beneficio de los demás. El dilema del prisionero es la ilustración perfecta de que trabajar en el propio interés es, en realidad, la opción menos arriesgada. Lo interesante de este principio es que el equilibrio de Nash se hace considerando los peores resultados posibles. Si confiesas y traicionas al otro prisionero, quedas libre. Tienes suerte. Esto no es lo que pretende el equilibrio de Nash. Trata de evitar que pases el máximo de diez años en la cárcel, el peor resultado posible. Hay algunas situaciones o contextos con los que nos encontramos en nuestra vida cotidiana en los que, si lo decidimos, deberíamos seguir el principio del dilema del prisionero.

Crisis Ecológica

El dilema del prisionero se aplica a la actual crisis ecológica. Aunque resulte controvertido, la mejor estrategia en el dilema del prisionero, según el equilibrio de Nash, es actuar en interés propio.

Al país A se le da la opción de cerrar todas las industrias y centrales eléctricas que generan emisiones de CO_2. Si lo hacen, garantizan una mayor longevidad del planeta. Sin embargo, también debilitan sus economías y disminuyen su producción. Por ejemplo, el cierre de centrales eléctricas hace que se genere menos energía. Si el país B hace lo mismo, ambos países se debilitan. Y lo mismo ocurre en sentido contrario.

El país A no sabe si el país B llevará a cabo los cambios políticos. Puede optar por utilizar la decisión del otro país de cerrar la producción como una oportunidad para obtener una ventaja económica. El país A no es plenamente consciente de si el país B está adoptando realmente políticas respetuosas con el medio ambiente. Así, el país A corre el riesgo de quedarse rezagado, mientras que el país B corre el riesgo de adelantarse.

En las relaciones internacionales se está dando este escenario. Rusia pretende beneficiarse del calentamiento global. El Océano Ártico, que está cerrado a Rusia la mayor parte del año, se derretirá, proporcionándoles acceso a mejores oportunidades comerciales. Además, países en desarrollo como

Pakistán, Kenia y Sri Lanka desean avanzar en infraestructuras para ayudar a su población aumentando su producción de energía. Pakistán, por ejemplo, tiene un acuerdo con China -el Corredor Económico China-Pakistán- para construir centrales hidroeléctricas y de carbón como medio de suministrar energía a su población y reducir el índice de pobreza. Incluso con la inminente crisis medioambiental, si no actúan en su propio interés, seguirán siendo países en vías de desarrollo y quedarán rezagados a escala internacional. Estos gobiernos también pretenden mantener satisfecha a su población, ya que, si no lo consiguen, ellos mismos podrían ser expulsados y sustituidos por un partido que invierta en el desarrollo del país.

Se trata de una cuestión polémica. Algunos pensadores, como Yuval Noah Harari, afirman que la crisis medioambiental es una cuestión de tan inmensa magnitud que trasciende los intereses nacionales, superando así la lógica de La Teoría de Juegos. No obstante, el dilema del prisionero parece estar presente en la respuesta mundial a la crisis ecológica.

Economía y Empresa

En los negocios puede darse una situación de dilema del prisionero. Hay dos empresas que compiten entre sí por el dominio del mercado. En este ejemplo, se trata de Adidas y Nike.

Adidas quiere aumentar su cuota de mercado bajando sus precios. Si Nike mantiene sus precios originales, perderá su cuota de mercado, ya que habrá más ventas de artículos Adidas. Como resultado, Nike no tiene otra opción que bajar sus precios para seguir siendo competitiva.

El equilibrio de Nash para las empresas competidoras es bajar sus precios para conservar su cuota de mercado o intentar dominar aún más el mercado. Curiosamente, el equilibrio de Nash produce los resultados óptimos para Adidas y Nike y para los consumidores. Ambas empresas tienen que bajar sus precios para seguir siendo competitivas. Con precios más bajos, los clientes gastan menos. La gente siempre quiere gastar menos, así que optará por la opción más asequible.

El dilema del prisionero tiene sus limitaciones en el ámbito empresarial. Como la cooperación no es una característica del dilema del prisionero, ambas empresas no pueden coludirse. Si bien es cierto que las empresas rivales no suelen comunicarse para mantener una ventaja competitiva sobre la otra, se han dado casos de fijación de precios.

La fijación de precios es un acuerdo entre participantes del mismo lado en un mercado para comprar o vender un producto, servicio o mercancía sólo a un precio fijo, o mantener las condiciones del mercado de forma que el precio se mantenga a un nivel determinado mediante el control de la oferta y la demanda.

La fijación de precios permite la colaboración entre las empresas. Esto perjudicará a los clientes. Sin embargo, dado que la colaboración es posible, no personifica el dilema del prisionero. Sin embargo, aunque Nike y Adidas acuerden la fijación de precios, no saben si su competidor mantendrá su palabra. Podrían volverse codiciosos e intentar seguir dominando el mercado de la ropa.

Política

El dilema del prisionero también puede ser útil a la hora de tomar decisiones en escenarios políticos. Hay dos partidos políticos que compiten por los votos. Ambos partidos son conscientes de que necesitan recortar el gasto público. Como el gobierno no produce riqueza, depende de los contribuyentes para pagar la deuda. Sin embargo, si la deuda es demasiado elevada, el partido perderá votos.

Si el Partido A toma medidas para mitigar la creciente deuda, ganará más popularidad. Por otro lado, si el Partido B es proactivo y responde al problema de la deuda nacional, obtendrá más votos. Además, si ninguno de los dos hace nada para reducir el déficit, ambos perderán votantes. Aparecerá otro partido, el Partido C, y amenazará el dominio político del Partido A y del Partido B.

Así, el dilema del prisionero revela que lo mejor para ambos partidos es hacer lo que más les conviene: intentar ganar popularidad entre los votantes. Necesitan atraer a los votantes reduciendo el gasto público y la deuda nacional.

Resumen

Cuando se trata de estrategias empresariales, de responder a la crisis medioambiental o de las acciones de un partido político para disminuir la deuda nacional, el equilibrio de Nash del dilema del prisionero parece ser cierto. En situaciones en las que las empresas, los países y los partidos políticos no pueden cooperar o no pueden estar seguros de qué estrategias pueden estar siguiendo sus homólogos, y si existe el riesgo de que esos métodos impliquen grandes pérdidas para uno mismo, lo más sensato es actuar de la manera más ventajosa para uno mismo.

Si el equilibrio de Nash es aplicable incluso en interacciones sociales mucho más grandes, es útil incluso con la más pequeña de las interacciones sociales. Así, si se encuentra en una situación en la que no conoce la estrategia del otro jugador. También es posible que no conozca muy bien al otro individuo. Si la estrategia del otro jugador plantea grandes riesgos, y tienes la oportunidad de actuar para minimizar las pérdidas, entonces deberías hacerlo. La gente ya hace esto todo el tiempo. Crean contratos de alquiler, no dejan entrar a extraños en sus casas y pagan seguros para estar tranquilos.

Capítulo 4: El Valor de Shapley

Historia

En 1951, Lloyd Shapley, matemático estadounidense, trabajó en su tesis sobre cómo resolver el problema de la distribución en una instancia social cooperativa. En la actualidad, el valor de Shapley se considera una de las piedras angulares de La Teoría de Juegos, ya que analiza con más detalle los juegos cooperativos.

En pocas palabras, el valor de Shapley garantiza que cada individuo gane tanto o más con una actividad colaborativa que trabajando de forma independiente. En otras palabras, a partir de un caso de cooperación, debe haber un incentivo para colaborar o un retorno de la inversión igual o mayor al trabajar con otros que al trabajar solo.

El Valor Shapley

Hay dos trabajadores. El trabajador A puede hornear diez pasteles en una hora. El trabajador B puede hornear veinte pasteles en una hora. Si deciden trabajar juntos, pueden producir 40 tartas por hora. En cambio, si trabajaran solos, sólo habría un total de 30 tartas. En este caso, el trabajador A asume parte de las tareas, como preparar los ingredientes y mezclar la masa, mientras que el trabajador B asume su parte de responsabilidad, vertiendo los pasteles en los moldes y añadiendo el glaseado. Hay muchos incentivos para que los dos trabajadores colaboren horneando pasteles, ya que habrá una mayor tasa de productividad. Habrá más pasteles.

Los trabajadores deciden vender los pasteles. Cada tarta se vende por $10. Los ingresos totales ascienden a $400. De acuerdo con el valor de Shapley, cada uno debe ganar en función de su contribución. No dividirán el dinero en dos, ya que el trabajador B recibirá $200 tanto si trabaja solo como en equipo. El trabajador A recibirá $200 de la colaboración, pero por su cuenta sólo habría horneado 10 pasteles y sólo habría ganado $100.

Para calcular primero cuánto debe cobrar cada trabajador de la situación, tenemos que determinar la contribución marginal de cada uno. La contribución marginal es "El valor del grupo con el trabajador como miembro menos el valor del grupo sin el trabajador menos el valor creado por el trabajador trabajando solo". Si sabemos qué valor aporta el trabajador A o B al proceso, podemos empezar a saber cómo distribuir las ganancias.

En la situación anterior, el trabajador A por sí solo puede hornear 10 pasteles. Restamos su contribución marginal del total, que es de 40. Después de restar, se obtiene la cantidad final de 30. El trabajador B puede hacer 20 pasteles. Si restamos su contribución del total final, obtenemos una cantidad de 20. Para calcular la contribución de ambos trabajadores al proceso, debes restar la cantidad total del Trabajador A de la del Trabajador B. El trabajador A obtendrá una diferencia de 10. A continuación, debes determinar la media entre las dos cantidades totales. El Trabajador A ganará $100 con sus 10 pasteles, y el Trabajador B $200 con sus 20 pasteles. Si sumas los dos y calculas el promedio, el trabajador A obtiene $150. El trabajador B obtiene $250. El trabajador B obtiene $250. Si se añade el valor de Shapley a este proceso, hay un incentivo para que ambos trabajadores cooperen. El trabajador A obtiene un aumento de $50 y el trabajador B también.

El valor de Shapley tiene dos acompañamientos. Si dos trabajadores o dos partes aportan lo mismo a una interacción social, sus resultados o ganancias deberían ser exactamente los mismos.

El siguiente es que "los jugadores ficticios tienen valor cero". Si alguien no contribuye a la interacción general, no debería obtener ningún beneficio.

La Utilidad del Valor de Shapley

El valor de Shapley puede ser inmensamente útil para gestionar las interacciones sociales. El ejemplo anterior del trabajador A y B puede aplicarse a situaciones cotidianas relacionadas con la economía y la distribución. La situación del Trabajador A y B funciona con productos tangibles, como la creación de pasteles (bienes) que producen ganancias tangibles. Cuando nos adentramos en situaciones más abstractas, como cuánto pagar a trabajadores que desempeñan distintas funciones o prestaciones laborales, es más difícil aplicar este principio. También analizaremos cómo los dos acompañamientos del valor de Shapley se manifiestan en las interacciones cotidianas.

Pagar la Factura

Esta es probablemente la que se ha aplicado universalmente. Se ha derivado de los principios de valor de Shapley. Si dos personas van a un restaurante y piden exactamente lo mismo, deben repartirse la cuenta. Si un grupo de personas se sienta a comer, pero una de ellas no bebe ni come nada, no tiene que aportar nada a la cuenta. Por último, si dos personas comen fuera, según la contribución marginal, deben pagar en función de lo que hayan pedido. Si la persona A pide comida y bebida por un total del 60% de la cuenta, deberá pagar el 60%. Siguiendo esta lógica, en un grupo en el que cada uno pide algo diferente, el reparto de la cuenta no se ajusta al valor de Shapley.

Naturalmente, hay razones para esta desviación. Algunas personas son buenas amigas y no les importa contribuir lo mismo que sus amigos, aunque sus comidas hayan sido menos caras. En las citas, es tradicional que una persona pague para mostrar cortesía o incluso interés romántico. Los buenos amigos o parientes pueden querer invitar a comer a la otra persona como regalo y muestra de amor. Sin embargo, en situaciones en las que las personas no se conocen tan bien y no han desarrollado confianza o afecto entre ellas, el valor de Shapley puede ser inmensamente útil para saber cómo pagar la cuenta.

Salarios de los Empleados

Como los trabajadores tienen competencias diferentes y es difícil juzgar el valor monetario exacto de un empleado, es difícil calcular cuánto debe ganar cada uno. No basta con pagar a los trabajadores por igual si su contribución marginal es diferente. Como vimos en el ejemplo de los trabajadores A y B, si el trabajador B gana 200 dólares con sus 20 tartas por su cuenta, no tiene ningún incentivo para colaborar con el trabajador A. Ciertamente, el trabajador A estará entusiasmado con la cooperación, pero si el trabajador B decide no contribuir al proceso de elaboración de las tartas, entonces el trabajador A volverá a hacer 10 tartas y a ganar 100 dólares.

La lógica de Shapley de la contribución marginal ha sido adoptada por empresas de todo el mundo. Por ejemplo, los ingenieros, desarrolladores y jefes de proyecto que gestionan o crean líneas de productos más exitosas pueden ganar en función del beneficio de sus líneas de productos. Si la aplicación del gestor de proyectos A genera el 24% de los ingresos totales de la empresa, y la aplicación del gestor de proyectos B genera el 27%, sus ingresos pueden calcularse en consecuencia. Su remuneración podría aumentar si aportan un mayor porcentaje de los ingresos, animándoles así a aumentar las ventas.

De acuerdo con el valor de Shapley, quienes contribuyen por igual a la producción deben recibir la misma remuneración. Así, si dos empleados tienen las mismas aptitudes, deberían recibir el mismo salario. Parece una práctica justa, pero a veces no se cumple. Por ejemplo, algunos empleados han hecho estudios de mercado y saben que negocian un paquete más alto, mientras que otros no regatean tanto. También hay sectores en los que es difícil determinar si las competencias son exactamente las mismas.

En una escuela hay dos profesores. Ambos imparten seis clases. El profesor A es profesor de arte y tiene seis clases al día con todos los grados para llenar su horario. El profesor B es profesor de lengua extranjera y tiene seis clases al día, pero con un solo curso. Los alumnos tienen que asistir a la clase de lengua para cumplir los requisitos de la educación nacional para acceder a la universidad. La de arte sólo es necesaria para los que quieran estudiar bellas artes y materias relacionadas con el arte a nivel terciario. La demanda de ambos es diferente. Además, al impartir la asignatura de primera lengua, el profesor B hace que la escuela cumpla un requisito educativo. Puede que el arte no sea una asignatura necesaria, pero puede atraer a alumnos que tengan una inclinación específica por esa materia. En este caso, el valor de Shapley proporcionaría una base útil para calcular lo que debería ganar cada profesor. Sin embargo, para hacerlo es necesario conocer a fondo la contribución de ambos profesores a los ingresos totales del centro.

Relaciones Internacionales

Utilizar el valor de Shapley para las relaciones internacionales puede provocar una respuesta controvertida. Estados Unidos es el mayor contribuyente a organizaciones como el FMI y la OTAN. El FMI es un fondo en el que una de sus funciones es invertir en los países en desarrollo. Sin embargo, como EE.UU. es el principal financiador, de acuerdo con el valor de Shapley, debería obtener los mayores beneficios del fondo. Por lo tanto, debería utilizar el FMI para financiar proyectos que les reporten beneficios o les ofrezcan algún valor.

Además, en el caso de la OTAN, Estados Unidos subvenciona alrededor del 70% de la organización. Le sigue el Reino Unido. Sin embargo, su aportación financiera a la organización es aproximadamente una décima inferior a la de EEUU. Mientras que algunos pueden argumentar que EE.UU. debería tener un papel más importante a la hora de decidir la dirección de la OTAN, otros dicen que debería decidirse en función de los votos. Cada país tiene un voto. Se debería seguir la estrategia que reciba más votos de los países. Si se aplica la segunda opción, la más democrática, se corre el riesgo de aislar al mayor contribuyente. Como vimos con el ejemplo original del negocio de pasteles del trabajador A y B, si el trabajador A no obtiene beneficios o si incurre en pérdidas, entonces rechazará la oferta de colaboración.

La resolución del valor de Shapley consistiría en evaluar la contribución marginal. La proporción de las partes debería obtener beneficios en función de la parte de su aportación. Dicho esto, sigue siendo una solución discutida cuando se trata de relaciones internacionales.

Conclusión

El valor de Shapley tiene tres principios fundamentales: contribución marginal, los jugadores ficticios reciben cero por contribución nula e igual contribución da lugar a igual recompensa. Este principio se aplica en escenarios de cooperación. Existen varios niveles de cooperación. Por ejemplo, decidir cómo deben pagar los individuos una factura, cómo deben calcularse los paquetes de los empleados y cuánta voz debe tener un financiero o una parte interesada en una organización. El principal objetivo del valor Shapley es promover la equidad y fomentar la cooperación. Como en el negocio de los pasteles, la cooperación suele traducirse en una mayor producción. Para recompensar la mayor producción, es necesario recompensar a los dos individuos en función de lo que aportan al proceso o a la organización, de modo que se produzca la colaboración.

Capítulo 5: La Batalla de los Sexos

Historia

La Batalla de los Sexos (BoS) es otra interacción social popular en La Teoría de Juegos. Se sabe que los matemáticos estadounidenses R. Duncan Luce y Howard Raiffa analizaron por primera vez este juego en 1957 en *Games and Decisions: Introduction and Critical Survey.*

Como explican Serrano y Feldman en su artículo, a menudo se compara el dilema del prisionero con el BoS. La diferencia entre el dilema del prisionero y otras situaciones de La Teoría de Juegos es que existe una solución fácil, o equilibrio de Nash. En el BoS no existe una solución tan fácil.

Batalla de Sexos

Cabe mencionar que esta interacción ha experimentado algunas críticas por promover roles tradicionales. En primer lugar, se desarrolló en 1957, por lo que es un poco convencional. Puede adaptarse de modo que "novia" y "novio" puedan sustituirse por

"Jugador 1" y "Jugador 2". No obstante, en este libro mantendré el enfoque tradicional de La Teoría de Juegos.

Hay dos personas que están saliendo, Novia y Novio. Es miércoles por la noche y han planeado pasar la velada juntos. Sin embargo, como han concertado la cita con cierta antelación, no recuerdan si decidieron ir a la ópera o a un partido de fútbol. Como este partido existía antes de los teléfonos móviles, no pueden llamarse por teléfono. La novia prefiere ir a la ópera, mientras que el novio prefiere ir al partido. Y lo que es más importante, a ambos les gustaría pasar la noche en compañía del otro en lugar de pasarla solos.

Por lo tanto, para la Novia, el resultado más deseable sería pasar la noche viendo la ópera y en compañía del Novio. Aunque le encanta la ópera, no quiere estar sin la compañía de su novio. Por otro lado, aunque odia el fútbol, si fuera al partido de fútbol y conociera a su novio, no sería una noche tan mala en general. El peor resultado posible para la novia es ir al partido de fútbol y tener que verlo sola.

Cuando se representa en una matriz, ver la ópera y tener la compañía de Boyfriend puntuaría 3, ver la ópera sola sería 0, ver el partido con la compañía de Boyfriend sería 2, e ir al partido de fútbol y no tener la compañía de Boyfriend sería 0. Lo mismo se aplica a Boyfriend, aunque su actividad preferida es el partido de fútbol. Así, si pasa tiempo con su novia y ve el partido, su resultado positivo sería 3, ir al partido de fútbol solo sería 0, pasar tiempo con su novia y ver la ópera sería 2, e ir a la ópera solo sería 0.

Así pues, en esta interacción social, es muy necesario que los individuos cumplan y acepten las preferencias del otro. El problema es que no pueden comunicarse. BoS es un juego simultáneo y cooperativo en el que hay información imperfecta. La novia y el novio no conocen las estrategias del otro. Además, tienen que tomar la decisión al mismo tiempo.

Equilibrio de Nash

Lo interesante del BoS es que no se ha creado un Equilibrio de Nash para ello. O mejor dicho, sigue siendo objeto de disputa entre los teóricos de los juegos.

Para llegar a una resolución, los matemáticos siguen un planteamiento similar al de la gallina. Consideran qué deben hacer Novio y Novia repitiendo este escenario muchas veces. Al igual que con La Gallina, este juego también incorpora una estrategia mixta. Recuerda, una estrategia pura significa que los jugadores siguen un único método y se ciñen a él para obtener los mejores resultados. Sin embargo, una estrategia mixta implica que los jugadores pueden emplear ambos métodos. Como se está repitiendo el escenario, esto es posible.

El equilibrio de Nash propuesto es que la novia vaya a la ópera 3 de cada 5 veces y el novio vaya al fútbol 3 de cada 5 veces. Seguirían teniendo alguna posibilidad de conocerse.

Este juego también se ha adaptado. Como la Novia prefiere la ópera, promoverá un resultado positivo de 1, y como el Novio prefiere el partido de fútbol, resultará en un resultado de 1. Así, aplicando el equilibrio de Nash anterior con esta adaptación significa que no "quemarían dinero", como lo expresan los teóricos.

Otra solución que se ha sugerido es que los jugadores lancen una moneda al aire. Si nos atenemos a la versión adaptada en la que la novia que va a la ópera y pasa la noche sola equivale a un resultado de 1, esta introducción del azar tiene más sentido. Si la moneda sale cara, la novia y el novio deben ir a la ópera. Si la moneda sale cruz, entonces es el partido de fútbol. Sin embargo, las matemáticas para lanzar una moneda dan resultados positivos aún más bajos.

La Utilidad del BoS

El BoS presenta una interacción social bastante única. Por lo tanto, hay pocas interacciones sociales a las que se parezca.

Tandon Pankaj, en un artículo sobre La Teoría de Juegos, muestra una situación empresarial en la que es aplicable el BoS. Hay dos empresas, Kia y Hyundai, que tienen que llegar a un acuerdo sobre dos normas de cumplimiento. El resultado más deseable sería que pudieran desarrollar o acordar las mismas normas de cumplimiento. Sin embargo, ninguna de las dos está dispuesta a adoptar las normas de la otra. Por tanto, llegan a un punto muerto.

La aplicación del equilibrio de Nash, que implica seguir la opinión preferida de cada uno sobre las normas de cumplimiento, se demuestra en realidad en los negocios. Muchas empresas no desarrollan normas empresariales mutuamente aceptadas.

Aquí la experiencia parece sugerir que el estancamiento tiende a ganar. IBM y Apple fueron incapaces de ponerse de acuerdo sobre un sistema operativo común, Sony y el consorcio VHS fueron incapaces de llegar a un acuerdo sobre un formato estándar para las cintas de vídeo, y en los últimos años los fabricantes de teléfonos móviles tampoco han logrado ponerse de acuerdo sobre un sistema común.

El BoS tiene cierta relevancia en algunos asuntos laborales. Supongamos que un empresario y un sindicato trabajan juntos para crear un nuevo contrato de trabajo. Naturalmente, tienen un conflicto de intereses. El empresario desea mantener los costes bajos, por lo que intentará que los salarios de los empleados sean lo más bajos posible. Sin embargo, el sindicato pretende subir los salarios lo máximo posible. Ninguno de los dos desea realmente seguir la estrategia de su contraparte -como la novia no desea ver partidos de fútbol-, pero los dos tienen que llegar a un acuerdo para crear el contrato. Como en el caso del BoS, tanto al empresario como al sindicato les interesa llegar a un acuerdo.

El equilibrio de Nash sugiere que el empresario y el sindicato siguen tres de cada cinco veces su estrategia pura: el empresario aplica salarios más bajos y el sindicato pide salarios más altos. Sin embargo, en este caso, los resultados son decepcionantes. Es posible que ambos nunca lleguen a un acuerdo sobre los términos del contrato y que éste no llegue a crearse.

Conclusión

Lo interesante del BoS es que demuestra que incluso el equilibrio de Nash para una interacción social puede conducir a resultados decepcionantes. De hecho, aunque el equilibrio de Nash establece que uno debe aplicar su estrategia pura o decantarse por su opción preferida tres de cada cinco veces, muchos teóricos han llegado a la conclusión de que los resultados no producirían realmente los resultados ideales.

Con las adaptaciones del juego, se pueden conseguir resultados más positivos, ya que Novia y Novio disfrutarían más de su forma preferida de entretenimiento que viendo la opción de entretenimiento alternativa. Cuando se trata de normas de cumplimiento empresarial y de negociaciones entre empresarios y sindicatos, los resultados tangibles indican que el equilibrio de Nash no produce resultados que sean favorables en general.

Capítulo 6: El Juego del Ciempiés

Historia

En el último capítulo, analizamos una interacción social en la que el equilibrio de Nash para la interacción social era objeto de disputa entre los pensadores. En este capítulo, examinaremos otro juego popular en La Teoría de Juegos que ha dado lugar a algunos desarrollos interesantes.

En 1981, Robert W. Rosenthal -un economista político estadounidense- ideó el juego del ciempiés. El juego del ciempiés es un ejemplo de juego extensivo de suma no nula en el que ambos jugadores tienen información completa..

El Juego del Ciempiés

Hay dos jugadores, el jugador A y el jugador B. Cada jugador tiene su turno, empezando por el jugador A. Durante el primer turno, el jugador A recibe $0, y el jugador B recibe $0. El jugador A debe entonces decidir si continúa con el juego y permite que el jugador B tenga su turno. Si este es el caso, el jugador B tiene su turno, y recibirá \$3, mientras que el jugador A recibirá \$1. En el tercer turno, el jugador A recibirá \$4 y el jugador B \$2. Una vez más, si el jugador B vuelve a tener su turno, en el cuarto turno, el jugador B recibirá \$5 y el jugador A \$3. El juego procederá de manera similar. En cada turno se añadirán \$2 a cualquiera de los jugadores.

Los jugadores A y B alternarán entre decidir si continúan la partida o la detienen para llevarse el dinero. El jugador que decida parar la partida en un momento dado siempre acabará con \$2 más que el otro. Sin embargo, hay 100 turnos en total. El nombre de juego ciempiés hace referencia a los 100 turnos, ya que un ciempiés tiene 100 patas.

Una vez transcurridos los 100 turnos, ambos jugadores pueden irse con \$100 cada uno. Por lo tanto, hay mucho incentivo para que ambos jugadores sigan jugando hasta el final para que ambos puedan irse con un resultado positivo. Sin embargo, en el turno 99, el jugador A tiene la opción de recibir \$101 y el jugador B \$99.

Equilibrio Perfecto de Subjuegos

Para el juego del ciempiés, el equilibrio de Nash para el juego se denomina equilibrio perfecto subjuego. Un equilibrio perfecto subjuego implica el uso de la inducción hacia atrás. La realización de la elección óptima significa que sólo se realiza un movimiento en el juego. Así, un juego extensivo como el del ciempiés se reduce siempre a un paso. Veamos cómo se aplica esto al juego del ciempiés.

Lo máximo que puede ganar el Jugador A es en el turno 99º. Ganará $101 y el jugador B $99. El Jugador A piensa que esto es lo más razonable, ya que obtendrá $101 y también considera que el Jugador B que reciba $99 también es ventajoso para el Jugador B. Por lo tanto, optará por terminar el juego en el turno 99º. Sin embargo, siguiendo esta lógica, el Jugador B en el turno 98 entiende que el Jugador A ganará más en el turno. En el turno 98, ellos obtendrán $100 y el jugador A recibirá $98. A ellos también les parece un intercambio justo. Por lo tanto, terminarán el juego en el turno 98. Esto se llama inducción hacia atrás. Los dos jugadores saben cómo se desarrollará el juego. Basándose en cómo se desarrollará, calculan hacia atrás y se dan cuenta de que, en cada turno posible, es mejor para ellos terminar en cualquier momento, ya que siempre les sirve para ganar dinero. Este es el caso de todas las rondas, excepto la primera. En el primer turno, el jugador A y el jugador B ganarán $0.

Aunque suene absurdo, el equilibrio perfecto de subjuego o equilibrio de Nash para el juego es, en realidad, que el jugador A termine en el primer turno. Aunque no se lleve nada, es mejor que no gane nada a que el jugador B pase al segundo turno, en el que ganará $2 y el jugador A no recibirá nada.

Discusión

Como en el caso del BoS, los investigadores y matemáticos han debatido sobre el equilibrio perfecto subjuego del juego del ciempiés. Cuando se realizaron experimentos del juego del ciempiés, los participantes jugaron durante mucho más tiempo que la primera ronda. Curiosamente, fue cuando se realizaron experimentos con economistas y jugadores de ajedrez cuando se experimentaron los lapsos más cortos del juego.

Los investigadores también observaron que en los casos en que uno de los jugadores no era capaz de comprender la secuencia del juego o de realizar un pensamiento de inducción hacia atrás, podía inclinarse a seguir jugando para ver cómo terminaba la partida. El otro jugador que comprenda mejor la dinámica del juego utilizará esto en su beneficio. Sin embargo, en estos casos, hay menos probabilidades de alcanzar el equilibrio perfecto de subjuego si los dos jugadores no son capaces de comprender la dinámica del juego y emplear la inducción hacia atrás.

Otro tema de debate que se planteó fueron los conceptos de altruismo o reciprocidad. Si el jugador A y el jugador B fueran parientes o amigos íntimos, trabajarían juntos para asegurarse de que ambos llegan a la ronda final, en la que ambos ganan 100 dólares. Como explican los investigadores, se trata de un caso de altruismo. Trabajar juntos para asegurarse un beneficio mutuo produce resultados aún mayores. Los dos amigos o familiares han colaborado para ayudarse mutuamente y, por lo tanto, los sentimientos de confianza y reciprocidad aumentan.

Así, en este caso, el juego del ciempiés sería un ejemplo de cooperación en lugar de competencia. Al igual que ocurre con las resoluciones de La Teoría de Juegos, el equilibrio perfecto subjuego ha suscitado algunas críticas, ya que parece proponer el interés propio frente al beneficio mutuo. Esto puede ocurrir sólo cuando juegas contra alguien que no conoces. Por tanto, como no habéis desarrollado ningún nivel de confianza entre vosotros, no puedes confiar en que no terminarán la partida antes del final para ganar más que tú.

La Utilidad del Juego del Ciempiés

El equilibrio subjuego perfecto del ciempiés parece reflejar lo que ocurre en la realidad. Veremos algunos ejemplos de la vida real para demostrar que las matemáticas son ciertas.

Cuidado de Mascotas

Hay dos vecinos que mantienen una relación cordial. El vecino A le pide al vecino B que alimente a sus perros y riegue sus plantas durante sus vacaciones. El vecino B puede optar por negarse para evitar las molestias. Sin embargo, el vecino B se da cuenta de que es una oportunidad para irse de vacaciones, y entonces podría pedirle un favor al vecino A. En consecuencia, el vecino B acepta. Y así, surge una relación de turnos entre los vecinos.

Sin embargo, puede que no sea así. El vecino B puede cumplir su promesa y dar de comer a los perros del vecino A y regar sus plantas, pero puede ocurrir que si el vecino B pide el favor a cambio, el vecino A ponga una excusa o, peor aún, no cumpla su parte, y las plantas del vecino B se mueran y sus mascotas pasen hambre. Esto puede ocurrir incluso con la petición inicial. Puede que el vecino B no se moleste en absoluto. Además, al final uno de los jugadores tendrá que desertar. O puede que venda su casa y se mude. Así, un vecino puede ganar donde el otro no gana o ganar más que el otro a largo plazo.

Este ejemplo tiene una dimensión interesante. El caso anterior es entre vecinos. Sin embargo, ¿qué pasaría si un conocido al que no conoces muy bien te pidiera que cuidaras de sus mascotas mientras ellos no están? Apenas les conoces. En este caso, es mejor aplicar el equilibrio perfecto de subjuego, lo que significa que, si alguien no te conoce lo suficiente, debería pagarte por cuidar de las mascotas.

Iniciar una Posible Relación Romántica

Esta es una versión interesante del juego del ciempiés. Todos nos hemos encontrado en esas situaciones en las que vemos a alguien que nos gusta. Los miramos con la esperanza de captar su atención y, si lo hacemos, esperamos que respondan indicando algún espacio para la iniciación. Puede ser una sonrisa, un saludo o un guiño. Incluso podemos ser más valientes desde el principio. Podemos sonreírles o intentar mantener el contacto visual un poco más. Desde el principio, estamos jugando al ciempiés.

Desde el principio, la persona puede romper el contacto visual, no mostrar ninguna inclinación a seguir comunicándose y desairarnos. La persona A se sentirá herida y vulnerable, pero sabrá que no tiene que invertir más tiempo ni energía. La persona B ha dejado claras sus inclinaciones.

Como se demostró en experimentos, por lo general sólo los ajedrecistas y los economistas terminan antes. Esto también refleja la vida cotidiana. Por ejemplo, a veces, no estamos interesados en otra persona. La persona A sonríe y la persona B le devuelve la sonrisa. La persona B no quiere ser grosera. La persona A lo toma como un ejemplo de reciprocidad, pero podría malinterpretarse. La persona A ve la relación como un potencial para una unión romántica, y la persona B sólo quiere ser amistosa. Este tipo de cosas pueden acabar en una situación de amor no correspondido, o en que la Persona A se quede atrapada en la friendzone. Estas situaciones son muy habituales. De hecho, es muy probable que haya más personas que hayan sufrido estos desenlaces que las que no. Para evitar ese destino, puede ser útil aplicar el equilibrio perfecto de subjuego desde el principio. Se abandona lo antes posible.

Sin embargo, ¿qué ocurre si la Persona A y la Persona B tienen inclinaciones románticas? Esto es habitual. A menudo se representa en las películas de Hollywood, en las que los dos jugadores tienen miedo de dar el primer paso. Naturalmente, no quieren avergonzarse ni poner en peligro la amistad, así que siguen jugando al ciempiés. Una vez más, podemos recurrir a las conclusiones del juego del ciempiés. Si conocemos bien a la persona, podemos seguir jugando con ella. Por el contrario, si sólo la hemos conocido, deberíamos conocerla mejor antes de invertir seriamente en ella. Sin embargo, esta resolución parece crear un nuevo callejón sin salida. Debemos seguir jugando para llegar a conocerla con el tiempo.

Relaciones Internacionales

En el artículo de Steven J. Brams y D. Marc Kilgour "A Note on Stabilizing Cooperation in the Centipede Game", explican que, tras la crisis de los misiles cubanos, se produjo un juego del ciempiés entre EEUU y la URSS. A diferencia de las interacciones de la Guerra Fría anteriores a la crisis de los misiles cubanos, no se había establecido una comunicación entre ambos países. Estas interacciones no modelaban el juego del ciempiés, ya que se trataba de un juego de información imperfecta. Brams y Kilgour revelan que "las dos superpotencias establecieron una 'línea directa' en 1963 para permitir una comunicación electrónica que pudiera prevenir una futura crisis que pudiera escalar a una guerra nuclear".

La línea directa permitía a las partes comunicarse y recibir garantías de la otra de que no iban a desplegar armas nucleares. Como en todos los ejemplos, ambas partes no podían estar seguras de que la otra no fuera a pulsar primero el botón del arma nuclear. Los EE.UU. no podían saber que la URSS había pulsado el botón. Se preguntarían si deberían pulsar el suyo para provocar una destrucción mutua asegurada. Sin embargo, si continúan jugando, ambos aspiran a crear un tratado, en el que se alcance la paz.

El equilibrio subjuego perfecto no se correspondía en este caso. Ambos países habían jugado el juego hasta el final, lo que supuso el fin de la URSS. Podría decirse que el colapso de la Unión Soviética se debió simplemente a que uno de los jugadores decidió abandonar el juego del ciempiés. O es posible que, como proponen muchos críticos, haya casos en la realidad que superen las estrategias de La Teoría de Juegos.

Conclusión

Aunque muchas situaciones de La Teoría de Juegos parecen muy alejadas de las interacciones cotidianas, el juego del ciempiés es un reflejo de situaciones sociales más pequeñas y más grandes. Desde los turnos, pasando por la vigilancia de los animales domésticos, hasta el primer movimiento en una amistad o relación, pasando por situaciones como la Guerra Fría, en la que un país no está seguro de los motivos de su contraparte, siempre se repite el mismo patrón. Cuando empieza el juego, cada jugador puede retirarse en cualquier momento, con lo que el otro jugador sufre algunas pérdidas. En el caso de iniciar una relación romántica, los costes potenciales son quedar mal, ser rechazado y crear un caso de amor no correspondido. En el caso de las relaciones internacionales, las consecuencias son mucho más graves.

Sin embargo, la Guerra Fría es un ejemplo más extremo. En la historia, ha habido ejemplos de naciones que han puesto fin al juego del ciempiés y han entrado en guerra. No obstante, hay muchas personas que animarían a sus líderes a llevar el juego hasta el final en lugar de aplicar el equilibrio perfecto de subjuego. Puede que esta opción no sea tan mala. Si las dos naciones entran en guerra antes, no habrán tenido tiempo de desarrollar sus armas. Por lo tanto, cada una de ellas puede sufrir menos devastación si abandona antes, ya que la carrera armamentística no tendrá tiempo de evolucionar.

74

Conclusión

Desde sus inicios, La Teoría de Juegos ha despegado. En el mundo contemporáneo, filósofos modernos como Naval Ravikant y Simon Sinek han aplicado técnicas de La Teoría de Juegos para dar consejos a particulares y empresas. Aunque puede argumentarse que La Teoría de Juegos aboga por el interés propio frente al beneficio mutuo, hay algunos casos, como el de la gallina, que recomiendan evitar el conflicto 49 de cada 50 veces. No obstante, el principio de que los individuos deben optar por la opción que produzca los mejores resultados parece ser válido. Curiosamente, si ambos individuos actúan en su propio interés, las consecuencias facilitan resultados óptimos para ambos. Tal vez ésta sea la racionalidad que subyace a actuar en interés propio.

Hay críticos que proponen que La Teoría de Juegos es inmoral o que no actúa dentro de una capacidad moral. Sin embargo, cerraré el libro con las palabras de John Nash. La famosa frase de Nash indica que no es así en absoluto: "Lo mejor para el grupo se produce cuando todos los miembros del grupo hacen lo que es mejor para sí mismos y para el grupo". Esto es lo que nos enseña a hacer La Teoría de Juegos. Este es el arte, o más bien la ciencia, de La Teoría de Juegos.

www.ingramcontent.com/pod-product-compliance
Lightning Source LLC
Chambersburg PA
CBHW061045050726

47592CB00004B/1597